ニュートン**超図解**新書

最強に面白い

宇宙

はじめに

　私たちが地球から見上げる宇宙は，静寂に満ちた悠久の世界にみえます。しかし，それはちがいます。私たち人間には，誕生の瞬間や，エネルギッシュな青春，老い，そして死があります。宇宙も，まったく同じなのです。

　まさに今この瞬間にも，宇宙のどこかでは星が生まれ，死んでいこうとしています。死んだ星のかけらは，宇宙空間をただよったあと，また別の星を生みだす材料になります。大きなスケールでみれば，銀河どうしが猛スピードで接近し，衝突することもあります。宇宙は，ダイナミックな活動に満ちているのです。

この宇宙は，どれほど広いのでしょうか。はるかな過去の宇宙では，いったい何がおきていたのでしょうか。本書は，宇宙誕生から現在までの138億年間の歴史と，宇宙の未来を"最強に"面白く紹介します。ぜひ，宇宙の壮大さにワクワクしてください！

ニュートン超図解新書

最強に面白い

宇宙

第1章
今も宇宙は膨張している！

第2章
138億年の宇宙の全歴史をみてみよう！

第3章
宇宙をつくった，謎の物質とエネルギー

第4章
宇宙の"外"では，
無数の宇宙が誕生している

第5章
宇宙がたどる，暗くさびしい運命

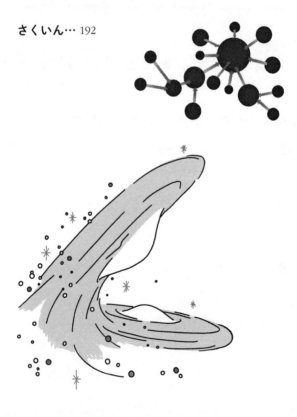

エドウィン・ハッブル

（1889～1953）

アメリカの天文学者。銀河が，銀河系からの距離に比例した速度で遠ざかっているという「ハッブルの法則」を明らかにし，宇宙が膨張していることを発見するなど，宇宙論の発展に貢献した。

女子中学生

ヒトデ

今も宇宙は膨張している！

17世紀に望遠鏡が発明されて以来，その性能の向上とともに，私たちが認識できる宇宙は広がっていきました。そしてついに，それまでの常識を大きくくつがえす「宇宙の膨張」が発見されました。第1章は，宇宙の膨張についてみていきます。

宇宙の謎は，望遠鏡の発達とともに解き明かされてきた

望遠鏡の発明で，月の表面がでこぼこだとわかった

17世紀初頭，宇宙に関する研究で大きな変革が訪れました。望遠鏡が発明されたのです。

イタリアのガリレオ・ガリレイ（1564～1642）は，口径（光を集めるレンズの直径）が4センチメートルの望遠鏡をつくり，夜空に向けました。この観察によって，ガリレオは，完全なる球だと考えられていた月の表面がでこぼこだらけであることを発見しました。

1 ハッブル宇宙望遠鏡

イラストは，NASA（アメリカ航空宇宙局）の「ハッブル宇宙望遠鏡」です。アメリカの天文学者のエドウィン・ハッブル（1889〜1953）にちなんで命名されました。1990年に打ち上げられ，今も現役で活躍しています。

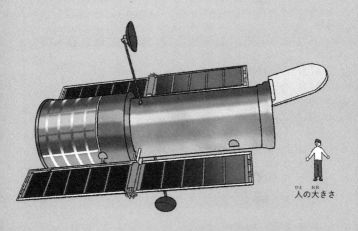

人の大きさ

主鏡の直径は，2.4メートルもあるそうよ。

15

現在では，宇宙にも望遠鏡が打ち上げられている

　最初につくられた望遠鏡から，望遠鏡の口径はどんどん大きくなっていきました。口径が大きくなるほど，暗い星までよくとらえることができ，細かいところがはっきり見えるようになるからです。現在，世界最大級の望遠鏡は，日本の「すばる望遠鏡」で，口径は8.2メートルです。ハワイのマウナケア山山頂にある，日本の国立天文台ハワイ観測所にあります。

　また，現在では数多くの望遠鏡が宇宙に打ち上げられています。宇宙望遠鏡は，大気に邪魔されずに観測できるので，天体の像をくっきりとらえることができます。

2 宇宙での距離は「光年」であらわす

「光年」は，時間ではなく距離の単位

　宇宙は広大すぎるので，宇宙の距離をあらわすのに，「キロメートル」といった日常的な単位はあまり使われません。「光年」という単位を使います。また，「天文単位」（1天文単位＝地球と太陽の平均距離で約1.5億キロメートル）という単位もあります。

　光年は，時間の単位ではなく，距離の単位です。光が到達するのに1年を要する距離が1光年で，約9兆4600億キロメートルに相当します。

光の速度は，自然界最速

　光年という距離を実感するために，光の速度を考えてみましょう。光の速度は，秒速約30万キロメートルで，自然界の最高速度です。地球の直径が約1万2800キロメートルなので，光は1秒間で地球23.5個分（＝地球7周半）の距離を進みます。

　たとえば，地球から太陽までの約1.5億キロメートルを，新幹線で旅行できたとしたら，およそ86年かかります。同じ距離を，光はたったの約8分で進みます。光が1年間に進む距離である1光年が，どれだけ遠いものか，実感できるでしょうか。

恒星のうちで最も地球に近いものは，ケンタウルス座プロキシマ星で，光の速度で4年，つまり4光年先にある。新幹線なら，なんと約2200万年もかかる計算になるんだ。

memo

_____

_____

_____

_____

_____

_____

_____

_____

_____

_____

_____

_____

_____

_____

_____

_____

_____

_____

_____

2 ▶ 光と新幹線の速さくらべ

地球と太陽の距離は，約1.5億キロメートルあります。太陽から地球へ光が届くのには約8分，地球から太陽まで新幹線で向かうとおよそ86年かかります。

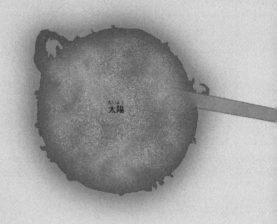

太陽

光で約8分

地球

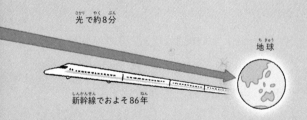

新幹線でおよそ86年

3 宇宙の大きさは よくわかっていない

宇宙には，銀河が無数に存在する

　宇宙の大きさを，太陽を基準にみてみましょう。

　私たちの住む地球は，太陽系にあります。太陽系は「天の川銀河（または銀河系）」とよばれる，1000億個もの恒星の集団に属しています。天の川銀河は平たい円盤状で，円の直径は約10万光年ほどです。宇宙には，天の川銀河のような銀河が，無数に存在しています。

　銀河の分布は一様ではなく，数百から数千の銀河が集まって「銀河団」を形成している領域もあります。

宇宙はとてつもなく広い

100億光年程度の広い範囲を見わたすと，宇宙には銀河がたくさんあるところもあれば，銀河があまりみられないところもあることがわかります。それらが織りなすもようは，まるでシャボンの小さな泡が寄せ集まっているかのようです。これを「宇宙の大規模構造」といいます。

人類が観測できる宇宙の限界からは，「宇宙背景放射」とよばれる電磁波が放たれています。人類が観測できる範囲の先に，宇宙がどれだけ広がっているのかはわかっていません。

最先端の望遠鏡で観測できている最も遠い天体の場合，その天体からの光は，130億年程度かけて地球に到達しているらしいデす。

3 太陽から138億光年まで

イラストの左端が太陽です。宇宙のとてつもない広さを一枚のイラストに収めるために，右に1目盛進むごとに10倍にかけ算したスケールで表しています（対数スケールといいます）。

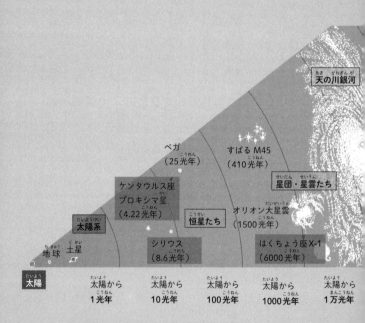

天の川銀河

ベガ
（25光年）

すばる M45
（410光年）

星団・星雲たち

ケンタウルス座
プロキシマ星
（4.22光年）

オリオン大星雲
（1500光年）

太陽系

恒星たち

地球　土星

シリウス
（8.6光年）

はくちょう座X-1
（6000光年）

太陽

太陽から
1光年

太陽から
10光年

太陽から
100光年

太陽から
1000光年

太陽から
1万光年

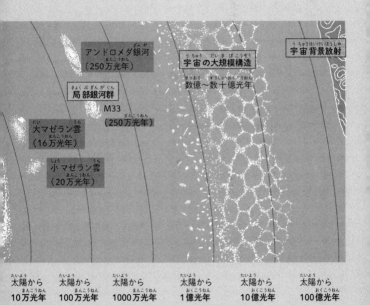

アンドロメダ銀河
（250万光年）

局部銀河群

M33
（250万光年）

大マゼラン雲
（16万光年）

小マゼラン雲
（20万光年）

宇宙の大規模構造

数億〜数十億光年

宇宙背景放射

太陽から
10万光年

太陽から
100万光年

太陽から
1000万光年

太陽から
1億光年

太陽から
10億光年

太陽から
100億光年

4 夜空に見える天の川は，銀河を内側から見た姿だった

天の川が，円盤状の星の集団だとわかった

「天の川」は，夜空に見える星の帯を指す言葉です。ガリレオは1609年，その前の年に発明されたばかりの望遠鏡を夜空に向けました。そして，天の川が単なる光の帯ではなく，輝く無数の星の集団であることを明らかにしました。

その後，イギリスの天文学者，ウィリアム・ハーシェル（1738 ～ 1822）は，夜空のさまざまな領域で星の数をかぞえ，1785年に，天の川が円盤状の星の集団であることを明らかにしました。

私たちは天の川銀河の円盤の中にいる

　その後，天体までの距離が実際にはかられ，天の川の構造が明らかになりました。28 ～ 29 ページのイラストは，現在明らかになっている「天の川銀河」の想像図です。私たちはこの円盤の中にいるので，天の川銀河を夜空の白い帯（天球上で丸くつながった帯）として見ているのです。

天の川銀河の円盤の厚さは，太陽系の付近で，2000 光年ほどあるんだ。

4 銀河の中心と太陽系の位置

イラストは，天の川銀河の中にある，太陽系の位置を示しています。夏の天の川が明るいのは，夏の天の川が銀河の中心方向に相当し，輝く星がたくさんあるからです。

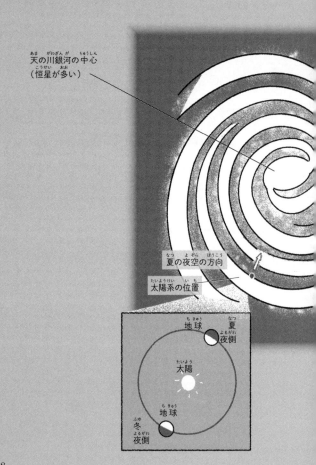

天の川銀河の中心
（恒星が多い）

夏の夜空の方向

太陽系の位置

地球

夏
夜側

太陽

地球

冬
夜側

南半球から見た
天の川

織姫と彦星は遠距離恋愛

　年に1回だけ，織姫と彦星が会える日が七夕です。願いごとを書いた短冊を，笹にくくりつけたことがある人も多いのではないでしょうか。

　織姫星として知られるのは，こと座のベガです。夏の夜空にひときわ強く輝く，白い1等星です。彦星はわし座のアルタイルで，ベガよりは少しだけ暗い1等星です。二つの星は，天の川をはさんで向かい合っています。その両者の距離は15光年。なんと地球35億周分にもなり，自然界の最高速度である光でも，15年もかかってしまう遠さです。

　織姫と彦星は，いったいどうやって1年に1回の逢瀬を重ねているのでしょうか。私たちには想像もつかない，なんとも壮大な遠距離恋愛ですね。なお七夕は本来，旧暦の7月7日に行われていまし

た。旧暦の7月は，今の暦の8月にあたります。旧暦はうるう月で調整する太陰暦なので，一年は354日です。2024年の場合，8月10日が七夕になります。

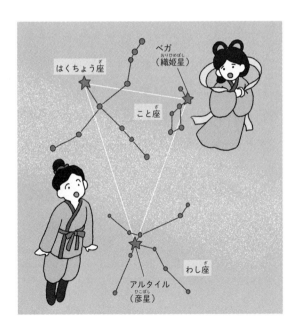

宇宙には，1000億個の銀河が散らばっている

銀河団がたくさん集まったものが超銀河団

　この宇宙には，いったいいくつの銀河があるのでしょうか？

　望遠鏡で観測できるかぎりの宇宙には，およそ1000億個の銀河があると見積もられています。銀河が密集している場所が，22ページで説明した「銀河団」です。その銀河団がたくさん集まったものが，「超銀河団」です。そして，さらに大きなスケールでながめると，これらの銀河団や超銀河団もまたつらなって，巨大なネットワークをつくっているようすがみえてきます。

人類の知るもっとも
スケールの大きな模様

銀河団や超銀河団のつらなりは，遠目にみるとシャボンの細かな泡が集まっているような姿です。シャボン玉の泡の，壁に相当する部分に銀河がつらなっています。

泡の内部の空洞部分は，直径数億光年にもなります。この空洞部分には銀河がほとんどみあたりません。銀河がみあたらない空洞のことを，天文学では「ボイド」とよんでいます。無数の銀河がつくるこの泡模様は，人類が知る最もスケールの大きな模様です。

銀河が1000億個もあるなんて，気が遠くなりそう！

5 銀河がつくる泡模様

イラストは，無数の銀河がつらなっているようすです。銀河は
とても大きな星の集団ですが，さらに大きなスケールでみる
と，銀河のつらなりは泡のようにみえます。

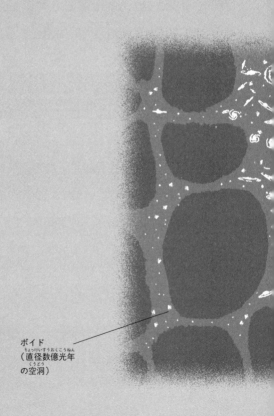

ボイド
（直径数億光年
の空洞）

ホントだ！　泡みたいです！

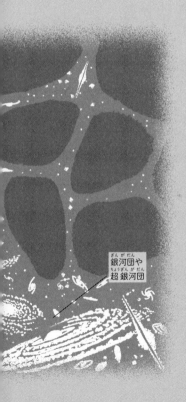

銀河団や
超銀河団

35

銀河から届く光の色で，銀河が動いていることがわかった

天体の運動速度をはかる

　宇宙に無数の銀河が存在することが明らかになると，天文学者たちは「銀河は運動しているのか，運動しているならどのように運動しているのか」について，調べはじめました。

　天文観測では，「ドップラー効果」を利用して，運動速度を求めます。ドップラー効果の身近な例には，救急車のサイレンがあります。救急車が近づいてくるときは高い音が聞こえ，遠ざかるときは低い音が聞こえます。高い音は波長（波の山から山までの長さ）が短い音波，低い音は波長が長い音波です。音源が近づいていると波長が短くなり，遠ざかっていると波長が長くなります。

6 銀河の動きがわかる

光の波長と色は対応しています。光は，波長が短いほど青くなり，波長が長いほど赤くなります。地球に近づいている上の銀河は青く短い波長で，地球から遠ざかっている下の銀河は赤く長い波長です。

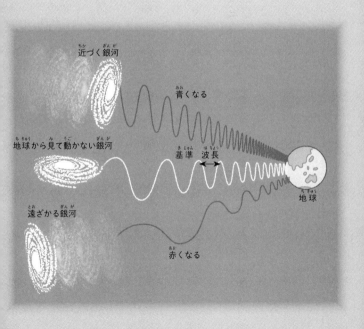

近づく銀河

青くなる

地球から見て動かない銀河

基準波長

地球

遠ざかる銀河

赤くなる

光の波長の変化を調べると，運動の速さもわかる

　光も波の性質をもつので，音波と同じく，ドップラー効果がおきます。地球に対して，天体が近づいていると光の波長が短くなり，遠ざかっていると波長が長くなります。

　また光は，波長が短いほど青くなり，波長が長いほど赤くなります。そして，天体の運動速度が大きいほど，波長の変化も大きくなります。つまり，光の波長の変化を調べれば，運動の速さもわかるのです。

救急車のサイレンの音と同じ「ドップラー効果」でわかるのね！

7 地球から遠くにある銀河ほど，速く遠ざかっている

地球から遠ざかる銀河たち

アメリカの天文学者のヴェスト・スライファー（1875～1969）は，前のページで紹介したドップラー効果を使い，銀河がどのように運動しているかを調べました。すると，面白いことがわかりました。地球（天の川銀河）に近づいている銀河にくらべて，地球から遠ざかっている銀河のほうが，圧倒的に多かったのです。

銀河がもし完全に勝手気ままに運動しているとしたら，地球に近づいているものと遠ざかっているものはほぼ半々になるはずです。

宇宙は「永遠不変」ではない

　さらに1929年，アメリカの天文学者のエドウィン・ハッブル（1889〜1953）がフッカー望遠鏡を使って歴史をかえる大発見をします。遠い銀河ほど，速く遠ざかっていることがわかったのです。現在では，この事実を「ハッブル-ルメートルの法則」とよんでいます※。

　ハッブル-ルメートルの法則は何を意味しているのでしょう。それは，「宇宙が膨張している」ということを示しています。ここに，「宇宙は永遠不変」という従来の宇宙観はくつがえされたのです。

※：宇宙膨張を最初に発見したのは，ベルギーの天文学者であるジョルジュ・ルメートル（1894〜1966）です。2018年の国際天文学連合総会において，ルメートルの貢献をたたえ，「ハッブルの法則」を「ハッブル-ルメートルの法則」と名称変更することが提案され，その後決議されました。

7 遠くの銀河ほど速く遠ざかる

地球が属している天の川銀河を中心にえがいたイラストです。天の川銀河から近い銀河は遠ざかる速度が遅く,遠い銀河は遠ざかる速度が速くなっています。

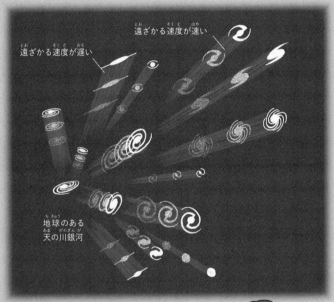

遠ざかる速度が速い

遠ざかる速度が遅い

地球のある
天の川銀河

観測結果を積み重ねて,この
法則を発表したんだ。

「宇宙は，膨張している！」
ハッブル-ルメートルの法則

どの銀河からみても，
銀河どうしが遠ざかってみえる

　銀河が遠ざかると聞いて，「すべての銀河は，私たちが住む天の川銀河を中心にして，外側に飛び散っているのだろうか」と思った人もいることでしょう。ハッブル-ルメートルの法則は，私たちが宇宙の中心にいることを示しているのでしょうか。

　科学者たちは，そうは考えませんでした。それまで積み上げられてきた天文学や物理学の知識をもとに，「宇宙に特別な場所などない」と考えたのです。この考え方を，「宇宙原理」といいます。科学者たちは，「ハッブル-ルメートルの法則に即して考えるなら，天の川銀河だけでなく，どの銀河からみても銀河どうしが遠ざかってみえ

8 膨張する宇宙のイメージ

天の川銀河と銀河Aの距離は，左上のイラストと右下のイラストでは倍の距離に広がっています。天の川銀河と銀河Bも，同じようにお互いに遠ざかっているのがわかります。

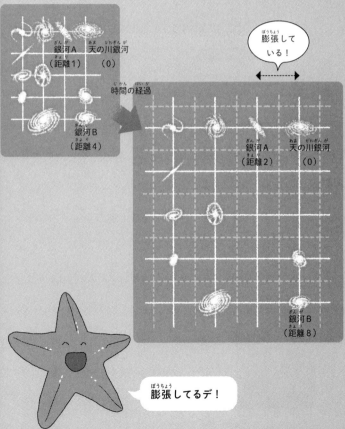

膨張している！

銀河A　天の川銀河
（距離1）　（0）

時間の経過

銀河B
（距離4）

銀河A　天の川銀河
（距離2）　（0）

銀河B
（距離8）

膨張してるデ！

43

るはずだ」と考えました。この考えが成り立つのが,「膨張する宇宙」です。

銀河と銀河の間の距離がのびる

　地球からみて,銀河が遠ざかるようにみえるのは,空間が膨張し,銀河と銀河の間の距離がのびるためです。空間が膨張するというのは,日常的な感覚からは信じられません。しかしハッブル-ルメートルの法則と宇宙原理から考えると,認めざるをえないようです。

宇宙原理とは,「宇宙は一様で等方的(どの方向も同じ)である」という仮定だといえるんだ。

9　宇宙膨張は，アインシュタインの予測を裏切った

「一般相対性理論」が予言していたこと

　ハッブル-ルメートルの法則の発見より7年前の1922年，ロシアの宇宙物理学者のアレクサンドル・フリードマン（1888 ～ 1925）は，「一般相対性理論」を用いた研究によって，宇宙が膨張しうることをすでに指摘していました。

　一方，一般相対性理論の生みの親である，ドイツの物理学者のアルバート・アインシュタイン（1879 ～ 1955）は，「宇宙は静的なはずだ」と考えました。宇宙は膨張したり収縮したりはしないとしたのです。なぜ，同じ一般相対性理論を使って，まったく逆の結論に至ったのでしょうか。

強引につくりあげた「静的な宇宙」

　アインシュタインは，一般相対性理論の方程式の中に，「宇宙定数（宇宙項）」とよばれる定数を意図的に入れました。そうすることで，強引に静的な宇宙の理論をつくりあげたのです。

　アインシュタインは，ハッブル-ルメートルの法則が発見された後，方程式に宇宙定数を入れたことを「生涯最大の過ち」とのべています。宇宙の実態は，物理学の巨人，アインシュタインの想像をこえていたのです。

アレクサンドル・フリードマンは，「ビッグバン宇宙論」の生みの親であるガモフ（106，107ページ参照）の師にあたるそうよ。

9 相反する主張

フリードマンは，宇宙が収縮したり膨張したりする「動的」なものだと考えました。一方，アインシュタインは，宇宙は「静的」なはずだと考えました。

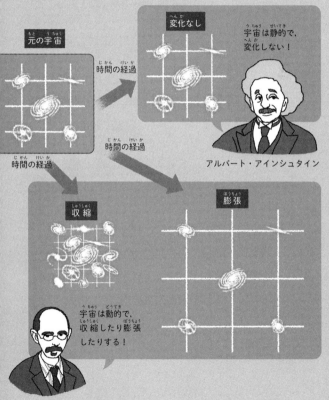

元の宇宙

時間の経過

変化なし

宇宙は静的で，変化しない！

アルバート・アインシュタイン

時間の経過

収縮

膨張

宇宙は動的で，収縮したり膨張したりする！

アレクサンドル・フリードマン

ハッブルより先だった！ ルメートル

博士，「ハッブルの法則」は，2018年になって名称が「ハッブル‐ルメートルの法則」に変わりましたね。どうして今までルメートルの功績は知られていなかったんですか？

ルメートルは，宇宙が膨張していることをハッブルよりも2年早く論文で発表したんじゃが，発表がベルギーの論文誌だったので，あまり人目に触れなかったんじゃ。しかも論文を英訳したときに，宇宙の後退速度と距離の定数（ハッブル定数）の部分を，削除してしまってな。

なんでそんなことを！

48

ルメートルは，すでにハッブルがハッブル定数を求めた論文を発表しているので，同じデータは再掲載しなくてよいと考えて，自分で削除してしまった。21世紀になって，研究者によって改めてその経緯が判明したんじゃ。

そこで，国際天文学連合総会で，名称変更が提案され，会員のインターネット投票で決議されたんじゃよ。

Georges Lematire

天から二物を授かったハップル

高校時代
ハッブルは
全教科ほぼ満点

イリノイ州の
陸上競技大会で
走り高跳び
優勝（州記録）

シカゴ大学時代に16歳で飛び級入学。
天文学と数学を学ぶ
（しかも1学期早く
大学卒業）

約190cmの
身長を活かし
陸上部では
走り高跳びのエース
バスケ部では
キャプテンに

父親の希望で
奨学生として
オックスフォード大学
で法学の修士号取得

フランスチャンピ
オンとボクシング
の試合をする

在学中に父親が死去。
シカゴ大学の
大学院に戻り
天文学で博士号取得

そして
天文学研究へ

宇宙は不変……ではなかった

当時宇宙の大きさは不変だという考え方が一般的

ハッブルもはじめはそう思っていた

しかしなぜか数値が合わない

そんなはずはないと思って何度も観測

まさか、宇宙が膨張しているということか……？

控えめにたった6ページの論文を発表

これが20世紀最大の天文学的な発見といわれることに

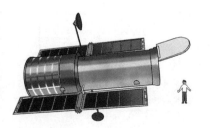

138億年の宇宙の全歴史をみてみよう！

第2章では，宇宙の「時間的な広がり」，つまり，宇宙の誕生から現在へと至る宇宙の歴史に注目します。宇宙が誕生した138億年前からの，悠久の時間旅行に出発しましょう。

宇宙の歴史をさかのぼると，点に行き着く

「宇宙誕生の瞬間」がある

　私たち人間に年齢があるように，宇宙にも年齢があります。**科学者たちは，現在の宇宙の年齢を138億歳と推定しています。**

　宇宙に年齢があるということは，宇宙に「誕生の瞬間」があったことになります。宇宙に誕生の瞬間があったなどと，なぜわかるのでしょうか？

過去にさかのぼると，宇宙は1点につぶれる

　第1章では，「宇宙は膨張している」ということについてお話してきました。宇宙が膨張しているということは，逆にいうと，過去にさかの

1 宇宙は一つの点になる

膨張する宇宙の時間を逆回ししていくと，宇宙は
より小さく，銀河が密集した状態になっていきま
す。さらに時間を逆回しすると，宇宙全体が1点に
収縮します。

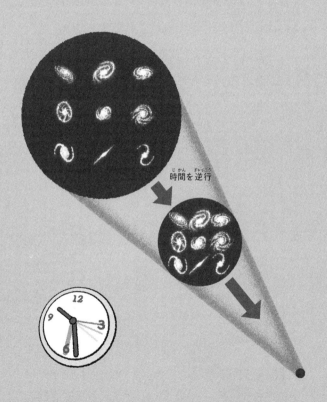

時間を逆行

55

ぼるほど宇宙は小さく，銀河は密集していたことになります。ですから，ずっと過去にさかのぼっていけば，どこかの時点で宇宙全体が1点につぶれることになり，それ以上，過去にさかのぼることはできなくなります。この時点が，宇宙のはじまりだと考えられています。

　宇宙が一つの点になったときから今までが，138億年と考えられているのです。

一つの点から，どうやって今の宇宙になっていったんだろう？

2 誕生から現在まで，宇宙は進化しつづけてきた

宇宙誕生から38万年後，原子が誕生

　58〜59ページのイラストは，宇宙の誕生から未来までを時間軸でえがいています。左側が過去で，右側が現在です。時間ごとのくわしい説明は，60ページ以降でお話しします。まずはじめに，宇宙の歴史全体のおおまかな流れをみておきましょう。

　誕生直後の宇宙は，さまざまな「素粒子」がばらばらになって飛びかう世界でした。素粒子とは，それ以上分割することができないと考えられる，究極に小さい粒子のことです。宇宙が膨張するにしたがって温度が下がり，しだいに素粒子どうしが結びつきはじめます。宇宙誕生から38万年後には，ようやく「原子」が誕生します。

2 宇宙の歴史

宇宙誕生から現在に至るまでの，宇宙の全歴史をえがいています。左側が過去で，右側が現在です。左端の1点が，宇宙が誕生した時点をあらわしています。イラストの中に示された時間は，宇宙誕生からの時間です。

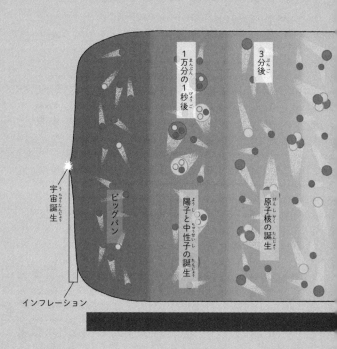

1万分の1秒後

3分後

宇宙誕生

ビッグバン

陽子と中性子の誕生

原子核の誕生

インフレーション

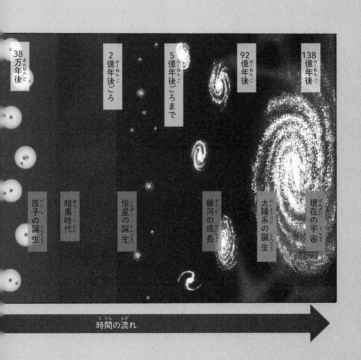

38万年後

2億年後ごろ

5億年後ごろまで

92億年後

138億年後

原子の誕生

暗黒時代

恒星の誕生

銀河の成長

太陽系の誕生

現在の宇宙

時間の流れ

92億年後，太陽系が誕生

　その後は，天体すら存在しない，「暗黒の時代」が約2億年間つづきました。宇宙誕生から約2億年後，ようやく宇宙で最初の「恒星」が誕生します。恒星の集団である「銀河」も少しずつ形をなしていきます。

　太陽系が誕生したのは，今から約46億年前，宇宙誕生から約92億年後です。

　現在の広大な銀河は，多数の小さな銀河が衝突と合体をくりかえすことで，できていったんだ。

3 宇宙は「無」から生まれたのかもしれない

なぞにつつまれた宇宙創成

「宇宙はどのようにして誕生したのか？」。この人類史上最大の難問に，現代の物理学は挑戦しています。提唱されているさまざまな仮説の中から，有名な仮説の一つを紹介します。

1982年，アメリカの物理学者のアレキサンダー・ビレンキン（1949〜　）は，宇宙は「無」から生まれたとする論文（無からの宇宙創成論）を発表しました。イメージすることはむずかしいのですけれど，ここでいう無とは，物質がないのはもちろんのこと，時間や空間すらないことを指すといいます。

物理学にみちびかれた，「無」からの宇宙創成論

　無からの宇宙創成論は，証明されたわけではなく，あくまで仮説にすぎません。しかし，ビレンキンは，物理学を駆使することで，この結論をみちびきだしました。けっして根も葉もないことをいっているわけではないのです。仮説とはいえ，宇宙のはじまりについて物理学で論じられるようになってきているということ自体，おどろくべきことではないでしょうか。

ビレンキンは，時間と空間と重力の理論である「一般相対性理論」と，ミクロな世界の理論である「量子論」を用いて，この結論をみちびきだしたそうです。

3 無から生まれた小さな宇宙

宇宙は，物質も空間も存在しない「無」から生まれたという説があります。生まれた瞬間の宇宙は，原子核（1ミリメートルの1兆分の1ほど）よりも小さかったとされます。

無から生まれた宇宙

4 宇宙は，急激な膨張「インフレーション」をおこした

宇宙は，一瞬の間に巨大化した

　生まれた瞬間の宇宙は，原子よりも小さかったといわれています。そして，誕生直後に想像を絶するほどの急激な膨張をとげたという説が，有力視されています。

　1秒の1兆分の1の，1兆分の1の，さらに1兆分の1ほどの間（10^{-34}秒）に，宇宙は1兆の1兆倍の，1兆倍の，さらに1000万倍の大きさになった（10^{43}倍）といいます。まさに一瞬の間に，巨大化したのです

4 急激な膨張をおこす宇宙

誕生直後のミクロな宇宙は，急激な膨張「インフレーション」をおこしました。インフレーションによって，原子よりも小さかったミクロな宇宙は，一瞬のうちに巨大化しました。

インフレーションをおこした宇宙

生まれた瞬間の小さな宇宙

何らかのエネルギーが
満ちていたらしい

　誕生直後の宇宙の急激な膨張は,「インフレーション」とよばれています。インフレーション理論は,物理学者の佐藤勝彦(1945 〜 　)やアラン・グース(1947 〜 　)などによって提唱されました。

　生まれた瞬間のミクロな宇宙には,物質や光が存在していませんでした。一方で,インフレーションを引きおこす何らかのエネルギーが,満ちていたと考えられています。しかしくわしいことはわかっておらず,理論的な研究がつづけられています。

「インフレーション」は「膨張」を意味する英語だが,「物価の継続的な上昇」を意味する経済用語としても有名なんだ。

66

5 ビッグバンで，灼熱状態の宇宙が誕生した

宇宙に物質と光が誕生し，高温の世界になった

　宇宙の想像を絶する急膨張，インフレーションにも終わりがあります。

　宇宙を急膨張させているエネルギーは不安定で，いつまでもそのままでいることはできません。あるときを境に，急激に熱のエネルギーに変わるようになります。このとき同時に，今の宇宙を満たしている物質や光も生まれます。この灼熱状態の火の玉宇宙の誕生が，「ビッグバン」です。ビッグバン宇宙論は，1948年にアメリカの物理学者のジョージ・ガモフ（1904 ～ 1968）が提唱しました。

インフレーションは，
天体の種もつくっていた

　ここでもう一つ重要なことは、物質がつくられたとき，物質の密度にはむらが生じていたということです。このむらが何億年後かに大きくなって，星や銀河，銀河団などが生まれます。つまりインフレーションは，物質そのものをつくっただけでなく，いろいろな天体の種もつくったのです。

ビッグバンの瞬間の温度は，1兆℃以上はあったと考えられているそうデス。

5 灼熱のビッグバン

宇宙の急激な膨張「インフレーション」が終わったあと、「ビッグバン」とよばれる灼熱の宇宙が誕生しました。素粒子と光が飛びかう，高温の世界です。

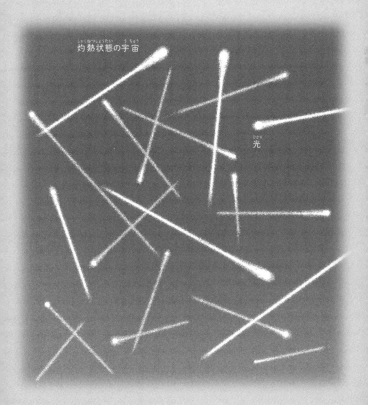

灼熱状態の宇宙

光

ビッグバン理論の証拠が見つかる

ビッグバン宇宙論が発表された後，イギリスの天文学者のフレッド・ホイル（1915 ～ 2001）は，宇宙は常に変わらないとする「定常宇宙論」を発表しました。ビッグバン宇宙論に反対の立場をとる学者も，多くいたのです。

しかし1965年，ビッグバン宇宙論が存在を予言していた「灼熱時代のなごりの光」が見つかりました。この光は，「宇宙背景放射」といいます。

宇宙背景放射が発見された
経緯は，74 ～ 75ページで
紹介するよ。

宇宙空間を今も進みつづける宇宙背景放射

　もし，ビッグバン宇宙論が予言するように，大昔の宇宙が本当に灼熱状態だったら，当時の宇宙には光が満ちあふれていたはずです。

宇宙が膨張して冷え，飛びかっていた電子と原子核が結びついて原子になると，電子にぶつかっていた光がまっすぐ進めるようになります。ガモフらは，このときの光が，今も宇宙空間をまっすぐに進みつづけていると考えました。これが宇宙背景放射です。

　光は，宇宙空間の膨張にともなって波長がひきのばされます。当時の光は，現在は波長の長い光である「マイクロ波」になっています。

6 ビックバンのなごりの光

イラスト1は，電子がぶつかり合い，光がまっすぐ進めない状態です。やがてイラスト2のように原子が誕生して，光は直進できるようになります。そして，イラスト3のように宇宙のあらゆる方向へ，2のときの光が直進しつづけています。

1. 灼熱時代の宇宙

2. 原子が誕生した宇宙

黒い墨は，熱くなると赤く輝きます。灼熱時代の宇宙にも，光が満ちあふれていたはずです。

3. 現在の宇宙

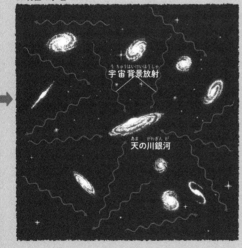

宇宙背景放射

天の川銀河

現在の宇宙には，あらゆる方向から宇宙背景放射が届きます。イラスト2の原子が誕生したころの光です。

ビッグバンの証拠発見は偶然だった

「ビッグバン（火の玉宇宙）」の証拠となったのは，「宇宙背景放射」です。宇宙背景放射を発見したのは，アメリカのベル研究所の天文学者，アーノ・ペンジアス（1933 〜 ）とロバート・ウィルソン（1936 〜 ）でした。

2人は，角笛アンテナでマイクロ波の受信機の性能を試験していたところ，測定の邪魔になる雑音マイクロ波があらゆる方向からやってきていることに気がつきました。マイクロ波はさまざまな電子機器からも発せられます。彼らはその雑音の発信源を突きとめようと探しました。しかしどうしてもみつかりません。その後，2人は宇宙論の分野で予言されていた宇宙背景放射のことを知ります。そして，自分たちがみつけたのが，まさに宇宙背景放射であることに気がついたのです。

2人はこの業績によって，1978年にノーベル物理学賞を受賞しています。

「陽子」と「中性子」の誕生

　宇宙誕生から約1万分の1秒（10^{-4}秒）後，素粒子が飛びかうだけだった宇宙に大きな変化がおとずれます。このころ，宇宙の膨張によって，温度は約1兆℃に下がってきました。すると，ばらばらに飛びかっていた素粒子どうしが結びつき，「陽子」と「中性子」が誕生したのです。

右のアップクォークは正の電荷をおびた素粒子で，ダウンクォークは負の電荷をおびた素粒子なんだ。

7 陽子と中性子ができた

誕生直後の宇宙は、さまざまな素粒子がばらばら
に飛びかった状態です。宇宙誕生から約1万分の1
秒後、宇宙の温度が1兆℃程度まで下がると、素粒
子のうちの「アップクォーク」と「ダウンクォーク」
が集まって、陽子と中性子が形づくられました。

素粒子がばらばらに飛びかっている時代

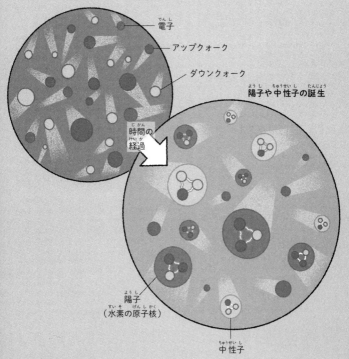

── 電子

── アップクォーク

── ダウンクォーク

陽子や中性子の誕生

時間の経過

陽子
（水素の原子核）

中性子

水素の原子核が生まれた

水素（元素記号はH）の原子核は陽子一つなので，このとき，水素の原子核が宇宙に誕生しました。ただし，水素原子（陽子の周囲を電子がまわっている状態）が登場するのは，38万年ごろです。宇宙に水素原子が誕生するには，もう少し時間が必要です。

水素は，周期表でいちばん最初にくる，最も軽い元素です（原子番号1）。陽子が誕生したころの宇宙には，周期表に登場するそのほかの元素の原子核は一つとして存在していなかったのです。

水素という元素が，宇宙にはじめて生まれたということね！

8 原子ができて，宇宙の"霧"が晴れ上がった

原子が誕生した

　宇宙誕生から約38万年後，宇宙の温度は3000℃程度に下がりました。温度が下がるということは，電子や原子核の飛びかう速度が遅くなるということを意味します。

　電子は負の電気をおび，原子核は正の電気をおびています。そのため，速度が遅くなった電子は，電気的な引力で原子核にとらえられます。こうして，電子が原子核の周囲をまわる「原子」が誕生しました。

宇宙が透明になった ～～～～～

　原子が誕生する前，光は空間を飛び交う電子にぶつかり，まっすぐに進めませんでした。この状況は，不透明な雲に似ています。雲の向こう側からやってくる光は，微細な水滴に当たってまっすぐに進めません。

　原子の誕生前の宇宙では，電子が雲の水滴の役割を果たし，宇宙を不透明にしていました。しかし，原子が誕生して，空間を自由に飛びかう電子がなくなると，光はまっすぐに進めるようになります※。宇宙はこのときになって，ようやく透明になりました。これを，「宇宙の晴れ上がり」とよびます。

※：このときの光を，現在の地球で観測することができます。

80

8 原子の誕生

原子が誕生する前後の宇宙のようすです。原子が誕生する前，空間を自由に飛びかう電子に邪魔され，光はまっすぐに進めませんでした。しかし，宇宙誕生から約38万年後，原子が誕生して，光は直進できるようになりました。

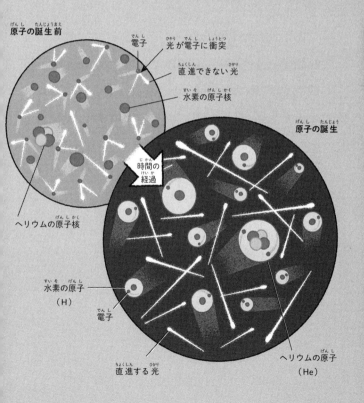

原子の誕生前

電子

光が電子に衝突

直進できない光

水素の原子核

ヘリウムの原子核

時間の経過

原子の誕生

水素の原子（H）

電子

ヘリウムの原子（He）

直進する光

宇宙の暗黒時代

原子が誕生したあと，宇宙はとくに大きな変化のない時代が約2億年間つづきました。この時代は，「宇宙の暗黒時代」とよばれています。ほとんど水素（H）とヘリウム（He）のガス（気体）だけがただよう世界だったのです。

　この時代は，恒星や銀河などが生まれる環境を，ゆっくりとはぐくんだ時代だともいえます。その原動力は「重力」です。重力は別名「万有引力」ともよばれます。文字通り，万物（あらゆる物）が有する引力ということです。

9　ガスの濃淡が成長

イラスト1の宇宙には，物質の密度にわずかにむら
がありました。物質の密度が高いところは重力が
強いので，イラスト2のように，周囲からさらに物
質が集まります。そしてイラスト3のように，物質
の濃淡ができていきます。

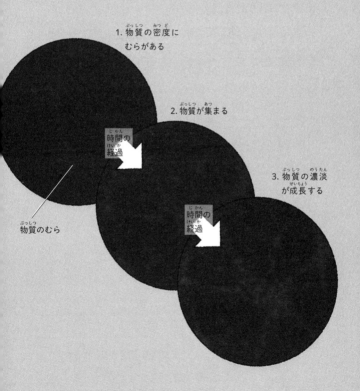

1. 物質の密度に
　むらがある

2. 物質が集まる

時間の
経過

3. 物質の濃淡
　が成長する

時間の
経過

物質のむら

重力で，
ガスの濃淡が少しずつ成長

　ガスにも，わずかですが質量がありますから，周囲に重力をおよぼすことができます。ガスの密度が周囲よりほんの少し高い領域は，周囲におよぼす重力がわずかに高いため，ガスを周囲から集めます。すると，さらに密度が上がって重力も強くなり，さらにガスを周囲から集めるようになります。

　このようにして，宇宙には水素とヘリウムのガスの濃淡が少しずつ成長していきました。

ガスの濃い部分から，天体が生まれることになるんです！

84

memo

暗黒の鳥
「スーパーブラックバード」

　宇宙で最も黒いものといえば，「ブラックホール」です。一方，パプアニューギニアのジャングルには，ブラックホールのように黒い鳥「スーパーブラックバード」がいます。ゴクラクチョウの名前でも知られる，フウチョウ科の約40種類の鳥たちです。暗黒の羽毛とのコントラストが鮮やかな飾り羽をもち，繁殖期には求愛ダンスを踊ることで有名です。

　なぜこの鳥が黒く見えるのかというと，光が，入り組んだ構造の羽毛の中で反射をくりかえし，外に飛びだせなくなってしまうためです。この羽毛は，最大で光の99.95%を吸収します。光をほぼ反射しないことから，体表面の凹凸が認識できず，空間にぽっかりあいた黒い穴のようにみえるのです。

なお，メスは暗黒の羽毛や飾り羽をもたず，とても地味な外見をしています。オスだけがここまで黒くなった理由は，一説にはメスを引きつけられるよう，飾り羽を目立たせるためだともいわれています。

ガスのかたまりから、宇宙で最初の星が誕生した

第1世代の恒星「ファーストスター」の誕生

宇宙誕生から約2億年たつと、ガスの濃い部分は、あちらこちらで太陽の重さの100分の1くらいのガスのかたまりへと成長しました。これらは、"星の種"（原始星）だといえます。

星の種は、周囲からさらにガスを集めます。そして1万年から10万年という、宇宙の歴史からするとごく短時間のうちに、巨大な恒星へと成長していきます。恒星とは、太陽のようにみずから輝く天体のことで、核融合反応で発生するエネルギーが輝きの源になっています。宇宙に誕生した第1世代の恒星を、「ファーストスター」といいます。

10 ファーストスターの大きさ

ファーストスターは，太陽よりもはるかに重たく巨大で，高温の星でした。左下の太陽と比較すると，その大きさがわかります。

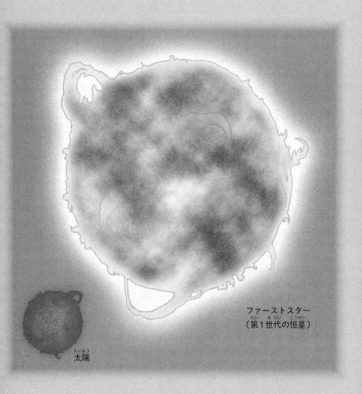

ファーストスター
（第1世代の恒星）

太陽

ファーストスターは，
青白く輝いていた

　ファーストスターの質量は，太陽の数十倍から100倍もあったといいます。太陽の表面温度は約6000℃ですが，ファーストスターは10万℃に達していたと推定されています。恒星の色は高温になるほど青白くなるので，ファーストスターも青白く輝いていたことでしょう。明るさは，太陽の数十万倍〜100万倍だったと考えられています。

ファーストスターは，やがて核融合反応を終え，超新星爆発とよばれる大爆発をおこして死を迎えるんだ。

11 光さえ飲みこむ 「ブラックホール」の誕生

超新星爆発から，ブラックホールが生まれた

　ファーストスターが大爆発（超新星爆発）をおこした際，その爆発の中心には「ブラックホール」が残されます。ブラックホールとは，強い重力によってあらゆるものを飲みこむ球状の領域のことです。いったんブラックホールの境界面よりも内側に飲みこまれたものは，たとえ光であっても，絶対に境界面よりも外側に脱出することはできません。ブラックホールは，自分自身も光を発しないので，文字通り，宇宙空間にあいた黒い穴のようにみえます。

ブラックホールは
つねにつくられつづけている

ブラックホール内部の中心には，理論上，「特異点」とよばれる密度が無限大に達する点があると考えられています。これは元の恒星の中心部の物質が，みずからの重力でつぶれてできたものです。

　ファーストスターに限らず，太陽の20倍程度以上の重さの恒星は，その生涯の最期に超新星爆発をおこし，ブラックホールを残します。このあとの宇宙の歴史でも，ブラックホールはつねにつくられつづけています。

吸いこまれたら出られないとは，おそろしいデ。

11 ブラックホールのできかた

超新星爆発のあと，恒星の中心部はみずからの重力でつぶれて1点にちぢみます。そして，その周囲にブラックホールを形成します。

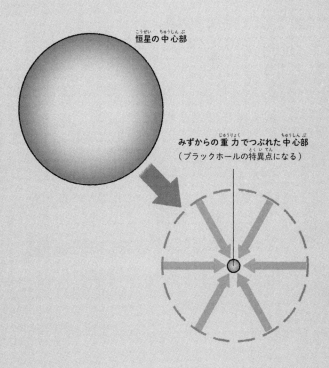

恒星の中心部

みずからの重力でつぶれた中心部
（ブラックホールの特異点になる）

小さな銀河の種が集まって，大きな銀河ができた

最初にできたのは，少数の恒星からなる"銀河の種"

宇宙の暗黒時代に成長した，ガスの濃い部分からは，「銀河」も生まれました。

宇宙で最初にできたのは，比較的少数の恒星からなる"銀河の種"（原始銀河）だったと考えられています。どれくらいの数の恒星からなる集団が，いつ誕生したかはよくわかっていません。ただし天文観測からは，宇宙誕生から約5億年後には，すでに銀河とよべるものが存在していたことがわかっています。

12 衝突・合体する原始銀河

小さな原始銀河（銀河の種）たちは，衝突・合体を
をくりかえすことで，大きな銀河に成長していった
と考えられています。

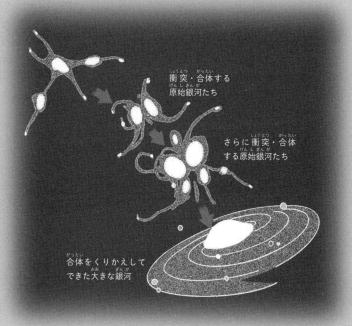

衝突・合体する
原始銀河たち

さらに衝突・合体
する原始銀河たち

合体をくりかえして
できた大きな銀河

原始銀河が，大きな銀河へと成長
していくんだね。

95

長い時間をかけて
成長する銀河たち

銀河は，何億年や何十億年という歳月をかけて，小さいものから大きなものへと，成長していったと考えられています。

原始銀河は，近くの原始銀河と重力によって引き合い，衝突・合体をくりかえしました。こうして，徐々に大きな銀河へと成長していったのです。

銀河の形には，天の川銀河のような渦を巻いた円盤状のほか，球状，ラグビーボール状（楕円体状），不規則な形状のものなどがあるんだ。

13 銀河の中心に巨大ブラックホールがあらわれた

太陽の100万倍から10億倍の巨大ブラックホール

　ほとんどの銀河の中心部には，巨大なブラックホールが存在すると考えられています。天文観測によると，そのブラックホールの質量は，太陽の100万倍から10億倍程度です。大きさ（光すら脱出不能になる領域）は，半径300万キロメートルから30億キロメートルになります。30億キロメートルとは，太陽から天王星までの距離に相当します。

巨大ブラックホールの成長方法

　宇宙誕生から8億年後ごろには，太陽の10億倍程度の質量の超巨大ブラックホールが，すでに存在していたことが天文観測でわかっています。小さなブラックホールから，どうやって現在の銀河中心に見られるような巨大ブラックホールができたのか，くわしい経緯は不明です。しかし大きく分けて，二つの成長方法が考えられています。一つは，ブラックホールどうしが重力で引き合い，合体する方法です。もう一つは，ブラックホールが周囲のガスや恒星などを飲みこむ方法です。

　天文観測から，大きい銀河ほど，その銀河中心にあるブラックホールも大きいことがわかっています。このため巨大ブラックホールと銀河の成長には，密接な関係があると考えられています。

13 ブラックホールの巨大化

銀河の中心にあるブラックホールは，イラスト1の
ようにブラックホールどうしが合体したり，イラス
ト2のように，ガスなどを飲みこんだりすることで
巨大化したと考えられています。

1. ブラックホールどうしの合体

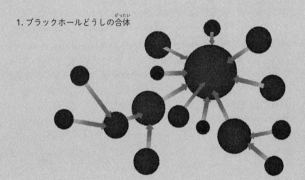

2. 周囲のガスを飲みこむ

46億年前,
ついに地球が誕生した

宇宙のちりをもとにして,
惑星ができた

　最後に,惑星がどうやってできたのかをみてみましょう。

　まず,宇宙空間でガスの濃い部分が,みずからの重力で収縮していき,原始の恒星が誕生します。その周囲には,ガスとちりからなる「原始惑星系円盤」とよばれる円盤が形成されます。原始惑星系円盤の中では,ちりが衝突・合体することで,直径数キロメートルから数十キロメートルの「微惑星」が誕生します。この微惑星がさらに衝突・合体することで,「惑星」が誕生するのです。

14 微惑星ができるようす

恒星を中心に回転するガスやちりは，回転の外側に向かってはたらく遠心力で，平らな円盤状になります（上）。やがて円盤内ではちりが衝突・合体し，惑星のもととなる微惑星になります（下）。

1. 原始惑星系円盤

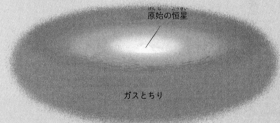

原始の恒星

ガスとちり

2. 微惑星が形成された原始惑星系円盤

原始の恒星

微惑星

ちりが集まってできた微惑星

岩石惑星である水星や金星，地球がつくられた

　太陽系は，宇宙誕生から92億年後，今から46億年前に誕生しました。原始の太陽の周囲に原始惑星系円盤が形成され，そこから地球を含む惑星たちが生まれました。

　原始惑星系円盤の中で，太陽に近い場所は温度が高く，水は気体の状態でしか存在できませんでした。惑星の材料となるちりの成分は，岩石や金属が主だったため，そこには「岩石惑星」である水星や金星，地球，火星がつくられました。

　一方，太陽から遠い場所は温度が低いので，「巨大氷惑星」である天王星や海王星ができました。そして岩石惑星と巨大氷惑星の間には，「巨大ガス惑星」である木星や土星ができました。

memo

月はどうやってできたの？

お月さまって，どのように生まれたんでしょう？

かつては，地球が自らの回転で引き裂かれて月が生まれたという「親子説」，地球といっしょに月ができたという「兄弟説」，移動する惑星が地球の引力につかまって月となったという「他人説」などが唱えられておった。

なんだか人間の話みたいで，面白い名前ですね。

しかし，どれも根拠にとぼしかった。アポロ11号が月から持ち帰った「月の石」を調べた結果などから，現在は火星くらいの惑星が地球に衝突して月が生まれたという「ジャイアント・インパクト説」が有力とされておる。

月って，身近なようでまだ謎に包まれているんですね。

一つの大きな惑星が衝突したのではなく，複数の惑星の衝突がくりかえされたのではないか，という新たな説も出はじめておる。議論は活発につづいているんじゃ。

兄弟

親子

他人

ガモフ博士のαβγ理論

ガモフ博士の元素の誕生についての理論が完成！

名前をどうしようと悩む

α Ralph Alpher
γ George Gamow
β

共同研究者のラルフ・アルファー博士のα　ガモフのγ……

βがいたほうが語呂がいい！

Hans Beths

なんと研究にかかわっていないハンス・ベーテ博士を共同研究者に

THE PHYSICAL REVIEW
APRIL 1. 1948

しかも論文が掲載された雑誌の発売日は

エイプリルフールだったとか

ビッグバン説

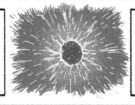

αβγ理論から導きだされたのは、宇宙は超高温・超高密度の火の玉が急膨張してはじまったという「火の玉"宇宙論」

反対したのがイギリスのフレッド・ホイル博士ら。「ビッグバン説」とよんでばかにした

宇宙がバーンと爆発してできたなんて、くだらないビッグバン説

Big Bang!

ところがガモフ自身がそれを気に入り自らその呼び名を使うように

やがてハッブル―ルメートルの法則により「ビッグバン説」が正しいとみなされるようになった

107

第3章

宇宙をつくった，謎の物質とエネルギー

第3章では宇宙空間にある謎の物質「ダークマター（暗黒物質）」と，謎のエネルギー「ダークエネルギー（暗黒エネルギー）」について紹介します。ダークマターとダークエネルギーは，宇宙の成分の95％を占めるといわれています。

渦巻銀河の奇妙な回転速度

天の川銀河のような「渦巻銀河」は，数億年かけて回転しています。この回転速度を調べたところ，奇妙なことがわかりました。中心に近い場所も，外縁付近も，回転速度がほとんどかわらないのです。

たとえば太陽系の惑星は，太陽に引っ張られる重力と遠心力がつり合って回転しています。太陽の重力は遠くなるほど弱くなるので，遠心力も弱くてすみ，外側の惑星ほど回転速度が遅くなります。

渦巻銀河は中心に恒星が集中しています。中心に近いほど重力が強いのなら，太陽系と同様に，中心から遠いほど回転速度は遅くなりそうです。しかし，そうはなっていないのです。

110

宇宙に存在する「見えない何か」

実は，目に見えない未知の物質が銀河をおおっ

ていると仮定し，その未知の物質の重力の効果

を計算に入れると，銀河の回転速度をうまく説明

できます。この未知の物質は，「ダークマター

（暗黒物質）」とよばれています。天文観測によっ

て，宇宙にはダークマターが大量に存在してい

ることがわかってきました。

宇宙にはダークマターが大量に
存在している。輝く星は，むしろ
宇宙のわき役にすぎないんだ。

1 渦巻銀河の回転速度

渦巻銀河の内側も外縁部も，回転速度がほとんどかわらないことが観測されています。外縁部にも内側とほぼ同じ重力がかかっていると考えられています。この重力を生みだしていると考えられている物質が，ダークマターです。

渦巻銀河

外縁部の回転速度は，
内側とほぼ同じ

ダークマターは，元素からできているわけではないようだ

謎に包まれたダークマターの正体

ダークマターとは，いったい何なのでしょうか。まず疑われるのは，あまりに暗くて望遠鏡では見えないような天体です。

たとえば，①みずからは輝かない惑星や小惑星，②褐色矮星（小さすぎて核融合反応をおこせない暗いガス状の星），③宇宙空間をただよう水素ガス，④中性子星（ほとんど中性子だけからできた高密度な天体），⑤ブラックホールなどが考えられます。

①〜③は，何らかの元素からできています。④中性子星と⑤ブラックホールも，元々は恒星の中心部分だったものなので，もとをただせば何らかの元素からできていたといえます。

2 ダークマターは元素ではない

イラストは原子の構造です。すべての元素はこうした原子からできています。しかし「見えない重力源」を説明するのに，宇宙にあるとされる元素の量では，まったく足りないといわれています。

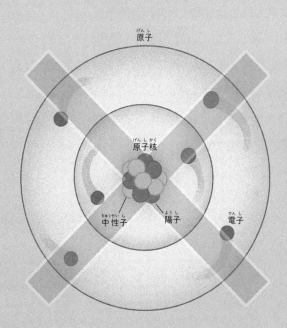

原子

原子核

中性子　　陽子　　電子

元素だけでは説明できない「見えない重力源」

　ビッグバン宇宙論は，あらゆる元素のもととなった，陽子や中性子が宇宙にどのくらいあるかの「存在量」を予言しています。しかし，ビッグバン宇宙論が予言している元素の存在量では，「見えない重力源」を説明するのには，まったく足りないのです。そのため今では，ダークマターは元素をもとにしてできた物質ではないと考えられています。

水（H$_2$O）や鉄（Fe）など，僕たちの知っている物質はすべて元素でできているけれど，ダークマターはもっとちがうものらしいデス。

3 ダークマターの正体は，未発見の素粒子かもしれない

ダークマターの候補がもつ三つの性質

　ダークマターは，現在知られているいかなる素粒子でもないようです。**ですから，おそらく未発見の素粒子でできているだろうと考えられています。**

　ダークマターの正体については，いくつかの候補が理論的に考えられています。それらの候補に共通する特徴は，「見えない」「普通の物質をすり抜ける」「質量をもつ」の三つです。

現在の技術で観測できる
電磁波は出していない

　ダークマターの一つ目の特徴は,「見えない」ということです。ダークマターは可視光だけでなく, どんな波長の電磁波（電波・赤外線・紫外線・X線・ガンマ線）でも観測できません。いっさいの電磁波を出さないか, 少なくとも, 現在の人類の技術で観測できる強さの電磁波は出していないと考えられます。

　二つ目の特徴は,「普通の物質をすり抜ける」ということです。ダークマターは電気をおびていないため, 普通の物質（原子で構成された物質）とは基本的にぶつからず, すり抜けます。

　三つ目の特徴は,「質量をもつ」ということです。普通の物質と同じように, 質量の大きさに応じて周囲に重力をおよぼすと考えられています。

3 ダークマターの主な特徴

これまでの観測結果などから，ダークマターの主な特徴がこの三つです。これらの特徴をすべて満たす粒子がみつかれば，それがダークマターの正体です。

1. 見えない
（電磁波を出さない）

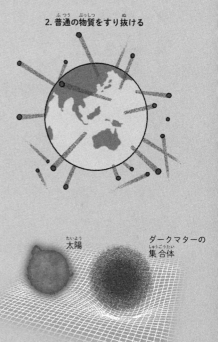

2. 普通の物質をすり抜ける

太陽　　ダークマターの集合体

3. 質量をもつ
（宇宙全体での合計質量は，普通の物質の5〜6倍）

4 ダークマターの分布が わかってきた

ダークマターの分布が 画像化された

2007年，ハッブル宇宙望遠鏡やすばる望遠鏡などによって，ダークマターの分布が画像化されました。 これは，国際プロジェクト「COSMOS」の成果です。

天体と地球の間に，巨大な重力をもつものがあれば，天体からの光が曲げられ，レンズのはたらきをすることが知られています。これを「重力レンズ効果」といいます。COSMOSでは，重力レンズ効果を使用して，満月9個分の広さに相当する夜空の領域で，50万個の銀河の形状が調べられました。

銀河の大規模構造をおおう
ダークマター

観測の結果，興味深いことがわかりました。ダークマターの分布が，銀河の大規模構造をすっぽりとおおっていたのです。

理論的な研究では，銀河の大規模構造は，次の順番でつくられたと考えられていました。まず初期宇宙にダークマターの大規模構造ができ，その重力で原子からなる普通の物質がダークマターに引き寄せられるというものです。COSMOSの観測結果は，この予測を裏づけるものでした。

COSMOS は「Cosmic Evolution Survey」の略です。

4 ダークマターの分布

重力レンズ効果をもちいて観測し，画像化されたダークマターの分布図です。ダークマターが，散らばった無数の銀河をすっぽりとおおっていることがわかります。

重力レンズ効果

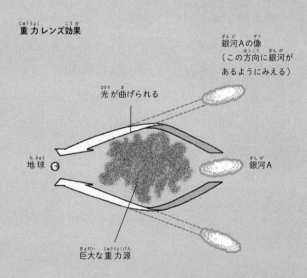

銀河Aの像
（この方向に銀河があるようにみえる）

光が曲げられる

地球

銀河A

巨大な重力源

日本のすばる望遠鏡に新たに設置されたカメラのハイパー・シュプリーム・カムは，下の図をさらに大規模なスケールで描き出しているんだ。

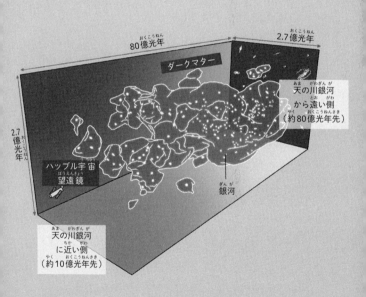

80億光年

2.7億光年

ダークマター

天の川銀河から遠い側（約80億光年先）

2.7億光年

ハッブル宇宙望遠鏡

銀河

天の川銀河に近い側（約10億光年先）

123

恐竜絶滅は
ダークマターのせい!?

　恐竜の絶滅の原因は，直径約10キロメートルの隕石がメキシコのユカタン半島に衝突したことによる地球寒冷化だという説が有力です。では，いったいその隕石はどこから，どうして地球までやってきたのでしょうか。

　アメリカの理論物理学者のリサ・ランドール（1962〜　）は，隕石が地球に降ってきたのは，ダークマターのせいだと考えています。ランドールによると，ダークマターは集まると「ダークディスク」という円盤になる性質があり，そのダークディスクが天の川銀河の中に納まっているそうです。ダークディスクは，周囲に強い影響をおよぼします。このため，太陽系がダークディスクに近づいたときに，太陽系の外側の彗星がはじかれて，地球に向かって飛んできたというのです。

地球の生物の絶滅には，周期性があるといわれています。ランドールは，太陽系がダークディスクの近くを通る周期と生物の絶滅の周期が一致するとしたら，生物の絶滅の周期性を説明できるとしています。

宇宙膨張は加速していた

最近まで，宇宙膨張の速度は，徐々に遅くなってきているはずだと考えられてきました。宇宙膨張の"ブレーキ役"は，銀河やダークマターによる重力です。

ところが1998年，遠い宇宙にある「Ⅰa型超新星」という天体の観測によって，宇宙膨張の速度は速くなってきている，つまり加速していることがわかりました。Ⅰa型超新星とは，白色矮星に近くの恒星からガスが降り積もっておきる爆発です。白色矮星とは，恒星の外層が放出されて，中心だけが残った星です。

126

5 Ⅰa型超新星

Ⅰa型超新星とは，白色矮星と恒星の連星系による爆発です。白色矮星にガスが流れこむことによって，白色矮星がある限界の重さに達すると，核爆発がおき，白色矮星ごと吹き飛びます。

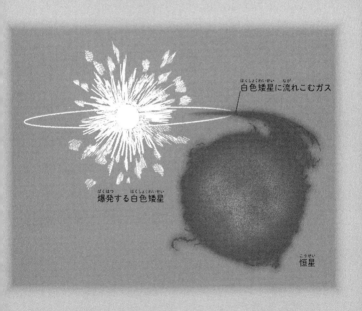

白色矮星に流れこむガス

爆発する白色矮星

恒星

Ⅰa型超新星を観測して, 宇宙膨張速度を知る

　Ⅰa型超新星は, ほぼ同じ明るさで輝くため, 観測された見かけの明るさと比較することでⅠa型超新星までの距離がわかります。遠くの宇宙は過去の宇宙なので, 遠くのⅠa型超新星を観測すれば, ドップラー効果から過去の宇宙の膨張速度がわかります。

　なぜ, 宇宙の膨張は加速しているのでしょう。科学者たちは, 宇宙空間には「ダークエネルギー（暗黒エネルギー）」という未知のエネルギーが一様に満ちており, それが"アクセル役"を果たしているのだと考えています。

この超新星を観測して, 宇宙膨張の速度は速くなっていることを突き止めたのね。

6 ダークエネルギーの正体は，天文学の最大級の謎

ダークエネルギーは，空間自体のもつ性質らしい

　ダークマターは見えないとはいえ，普通の物質と同じように周囲に重力をおよぼし，宇宙空間に不均一に分布しています。正体も未発見の素粒子と考えられているので，何とかイメージできるでしょう。

　一方，ダークエネルギーは，宇宙空間に均一に満ちていると考えられています。そして宇宙の中のある領域から，ダークマターの粒子を含むすべての物質を取りのぞいて真空にしたとしても，ダークエネルギーはまだその空間に満ちているといいます。ダークエネルギーは空間自体のもつ性質のようなのです。そのため，ダークエネルギーは，宇宙が膨張しても薄まらないと考えら

れています。何とも奇妙な話です。

数学的には，
「宇宙定数」と同じもの

　　　　ダークエネルギーの正体は不明で，その解明は，宇宙論・天文学・物理学における最大級の難問になっています。

　　ダークエネルギーは，アインシュタインがのちに撤回した「宇宙定数」（46ページ）と数学的に同じものだという考えが，現在の宇宙論では有力な説の一つになっています。

アインシュタインが考えた宇宙定数は，約80年もたって，宇宙論に復活したんです！

6 宇宙を膨張させるエネルギー

宇宙を収縮させる重力に，空間の斥力（反発力）が勝ることで，宇宙は膨張していきます。宇宙が膨張するにつれて重力の効果は弱まるため，宇宙の膨張は加速していきます。この空間の斥力は，ダークエネルギーと考えられています。

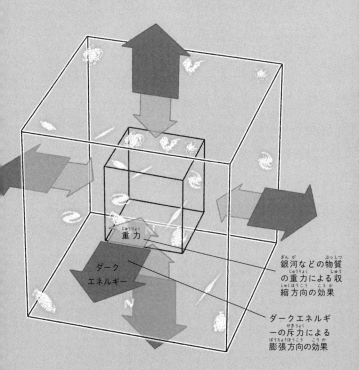

重力

ダーク
エネルギー

銀河などの物質
の重力による収
縮方向の効果

ダークエネルギ
ーの斥力による
膨張方向の効果

宇宙の成分の95%は未解明

物質密度の濃淡をあらわす宇宙地図を作成

1960年代に地上で発見された宇宙背景放射は，1989年以降，観測衛星によってくわしく観測されました。そして観測された全天の宇宙背景放射を使って，初期宇宙の「物質密度をあらわす宇宙地図」が作成されました。

この物質密度の宇宙地図にあらわれる模様は，宇宙の成分が何であるかによってかわることが，理論的にわかっています。つまり，観測衛星によってつくられた物質密度の宇宙地図には，宇宙の成分についての情報がかくされているのです。

7 宇宙の成分表

プランクによる初期宇宙の地図でわかった，初期宇宙の物質密度の濃淡から，宇宙の成分が明らかになりました。その成分の割合を，以下の円グラフで示しました。

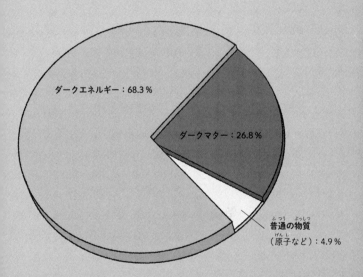

ダークエネルギー：68.3 %

ダークマター：26.8 %

普通の物質
（原子など）：4.9 %

質量はエネルギーに，エネルギーは質量に換算することができる。宇宙の成分表で，物質とエネルギーを比較できるのは，そのためだよ。

普通の物質は，
宇宙の4.9％にすぎない

　133ページのイラストの円グラフは，観測衛星「プランク」の作成した物質密度の宇宙地図から求められた，宇宙の成分表です。プランクは，ESA（ヨーロッパ宇宙機関）が2009年に打ち上げた観測衛星です。

　円グラフを見ると，宇宙の成分のうち，原子などの普通の物質は，たったの4.9％にすぎないことがわかります。残りは，26.8％がダークマターで，68.3％がダークエネルギーです。つまり私たちは，宇宙の成分の約95％をまだ知らないのです。

宇宙はまだまだ，わからないことだらけね！

memo

アインシュタインの夢

ある日

16歳のアインシュタインは学校裏の丘の上で空を見ていた

いつの間にかぐっすりと眠ってしまい……

光の速度で光を追いかける夢を見た

光速で光を追いかけたら……？

この夢が相対性理論のアイデアにつながった

生涯最大の過ち

一般相対性理論を打ち立てたアインシュタイン

しかし一般相対性理論などの宇宙が重力などの影響で縮んだりするという結論に

宇宙の大きさは不変のものだと信じていたアインシュタインは

動揺した

自身の導いた重力場方程式に宇宙の収縮と反発する斥力を

$$R_{\mu\nu} - \frac{1}{2} g_{\mu\nu} R = \frac{8\pi G}{c^4} T_{\mu\nu} - \Lambda g_{\mu\nu}$$

宇宙項 Λ（ラムダ）として強引に追加した

宇宙膨張が明らかになったあとアインシュタインは宇宙項の追加を

Biggest Blunder...

「生涯最大の過ち」として後悔。しかし近年宇宙項の考え方は再注目されている

第4章

宇宙の"外"では，無数の宇宙が誕生している

宇宙には，それ以上進めない果てがあるのでしょうか？　宇宙の外側には，何があるのでしょうか？　宇宙は，たった一つなのでしょうか？　第4章では，宇宙の地平の先へせまります。

宇宙は，どこまで広がって いるのかわからない

宇宙に，空間としての 果てはあるか？

宇宙に果てはあるのでしょうか。この問題には二つの可能性が考えられるといいます。一つ目は，宇宙が無限に広がっている可能性です。この場合，宇宙に果てはありません。

二つ目は，宇宙の大きさは有限だが果て（端）がないという可能性です。たとえば地球の表面積は，無限ではなく有限です。しかし地球の表面に，果て（端）とよべるような特別な場所は存在しません。同様のことが，宇宙にもあてはまるかもしれないといいます。

有限だが
果てがない宇宙だった場合

もし，宇宙が二つ目の有限だが果て（端）がない構造だとしたら，出発地点から飛びだした宇宙船が，進行方向を変えていないのに，宇宙をぐるりと1周まわって戻ってくるというようなこともありうることになります。

　なお，たとえ宇宙の大きさが有限だったとしても，私たちが現在観測できている範囲は，宇宙全体からみればごくわずかな領域と考えられています。

私たちの観測できる宇宙の果ては，約138億年前に「宇宙背景放射」が放たれた場所。この観測できる宇宙の果ては，「時間」という観点にたった場合の宇宙の果てともいえるんだ。

141

1 宇宙は球面のようなもの？

このイラストは，3次元の宇宙を2次元の面にみたてて，球の表面にはりつけたものです。このような宇宙は，大きさは有限であって，果て（端）はありません。

宇宙を1周して
戻ってくる？ ────

142

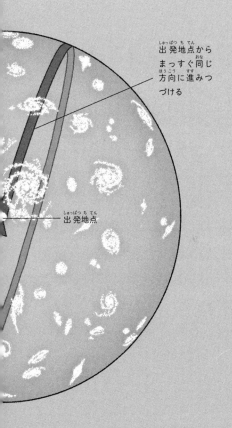

出発地点から
まっすぐ同じ
方向に進みつ
づける

出発地点

宇宙空間は，曲がっている可能性がある

空間の曲がりを確かめる方法

　宇宙の全体像を知るには，宇宙の「曲率」と「形」が重要になります。曲率とは，空間の曲がり具合のことです。曲率がことなる宇宙では図形の性質がことなるため，たとえば三角形をえがいてみると，その場所の曲率がわかります。

　三角形の内角の和が180度となるのは，曲率がゼロの宇宙です。180度よりも大きくなるのは曲率が正の宇宙，180度よりも小さくなるのは曲率が負の宇宙です。

2 三角形でたしかめる曲率

空間の曲率と三角形の内角の和の関係をえがきました。3次元の空間を2次元の面としてえがくと，曲率がゼロの空間は平坦な紙のようになります。この場合，三角形の内角の和は180度となります。

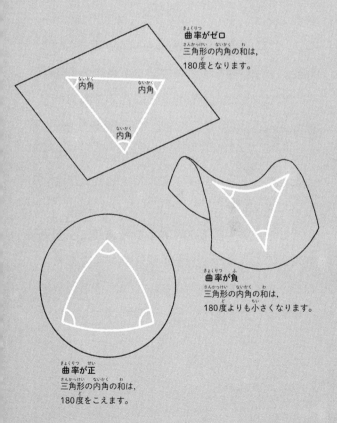

曲率がゼロ
三角形の内角の和は，
180度となります。

内角
内角
内角

曲率が負
三角形の内角の和は，
180度よりも小さくなります。

曲率が正
三角形の内角の和は，
180度をこえます。

曲率が正の宇宙は，
大きさは有限で果てはない

　3次元の宇宙の曲率のちがいは，イラストでは
あらわせません。そこで，3次元の宇宙を2次元
の面にみたててえがいてみましょう（145ペー
ジ）。曲率がゼロの宇宙は，平坦な平面としてえ
がかれます。曲率が正の宇宙は，球の表面のよ
うな曲面としてえがかれます。曲率が負の宇宙
は，馬の鞍のような曲面としてえがかれます。

　宇宙の曲率が，宇宙のどの場所でも一定だと
仮定しましょう。曲率が正の宇宙は，大きさは
有限で果て（端）はない宇宙となります。一方，
曲率がゼロの宇宙と曲率が負の宇宙は，少しや
やこしくなります。大きさが無限の宇宙を考え
ることも，大きさが有限で果て（端）のない宇宙
を考えることも可能だといわれています。

3 宇宙の大きさが無限か有限か，決着は着いていない

曲率がゼロあるいは負の宇宙

　曲率がゼロあるいは負であり，大きさが有限で果て（端）のない宇宙とは，どのような形でしょう。

　たとえばテレビゲームで，地図の上端まで進んだキャラクターが，地図の下端から出てくるということがあります。このような宇宙は，149ページのイラストのように，地図の上辺と下辺がつながった円柱の表面としてあらわせます。さらに，左辺と右辺もくっつけば，地図の左右方向にも果て（端）がなくなります。こちらは，穴があいたドーナツの表面として表現できます。

　一方，曲率にかかわらず，有限で果て（端）があるという宇宙は，ある地点で空間がぷっつりと途切れることになってしまいます。空間がぷっ

つりと途切れる宇宙は，物理学では取りあつかえません。

観測可能な138億光年の範囲よりは大きい

　今のところ，実際の宇宙の大きさが有限か無限かはわかっていません。無限であれば果てはないし，有限であっても，端という意味での果ては存在しません。また，有限である場合でも，宇宙の大きさは，少なくとも私たちが観測可能な138億光年の範囲よりは十分に大きいのです。

無限でも有限でも，宇宙は果てしない広さね。

3 紙で再現する果てのない宇宙

曲率ゼロの宇宙を2次元でえがくと，平らな紙のようになります。長方形のままでは，果て（端）が存在します。果て（端）をなくすには，たとえばある辺に行き着くと，それに向かい合った辺につながっているというようにします。

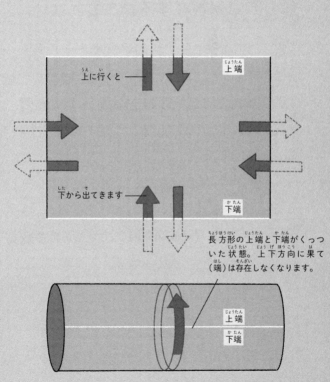

上に行くと ──

上端

下から出てきます ──

下端

長方形の上端と下端がくっついた状態。上下方向に果て（端）は存在しなくなります。

上端

下端

別の宇宙が存在するかもしれない

現代の宇宙論では，宇宙は，私たちの所属するこの宇宙だけではないという考え方があります。矛盾を含んだいい方ですが，「宇宙の"外側"には，別の宇宙が存在している可能性がある」というのです。

一つだけ存在する宇宙（ユニバース，ユニは一つのという意味）に対して，複数存在する宇宙のことを「多宇宙」（マルチバース，マルチは多数のという意味）とよんでいます。

4 多宇宙の考え方

多宇宙の考え方では，親宇宙から子宇宙が生まれ，子宇宙から孫宇宙が生まれるといったことがくりかえされます。それぞれははじめのころ，ワームホールでつながっています。

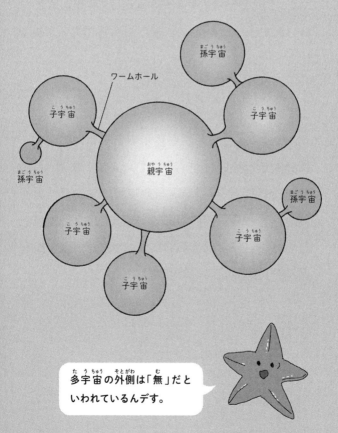

多宇宙の外側は「無」だといわれているんです。

宇宙には，「親」や「子」がいるかもしれない

　多宇宙は，「無」から宇宙が誕生する際だけでなく，別の段階でも生みだされる可能性があるといいます。たとえば，宇宙の急膨張である「インフレーション」によって生みだされる多宇宙です。

　宇宙の急激な膨張は，均一におきたのではなく，場所によって発生や終了のタイミングにずれが生じた可能性が高いといいます。すると，餅を焼いたときに「こぶ」がふくらむように，「親宇宙」から「子宇宙」が生まれ，さらに「孫宇宙」ができるといった具合に，多宇宙が形成される可能性があるというのです。

5 別の宇宙を観測することは むずかしい

観測できる範囲は限られている

　無数の宇宙があるとしたら，別の宇宙はどこにあるのでしょう。少なくとも，私たちのいる地球から観測可能な宇宙の範囲よりも，さらに遠方にあると考えられています。

　私たちのいる地球から，観測できる範囲には限界があります。あらゆる物質や情報は，光の速度よりも速く進めません。宇宙の年齢がおよそ138億歳ですから，地球から観測できるのは，138億年で光が進める距離が限界です。ただし宇宙は膨張しているので，その距離は単純に138億光年とはなりません。また，138億年かかって地球に届いた光は，138億年前に放たれた光です。光が放たれた場所の，現在の状態を見ることは，原理的に不可能です。

5 観測できる範囲

私たちが観測できるのは，138億年前に宇宙背景放射が放たれた場所までです。さらに，宇宙は膨張しているので，その場所は遠ざかっていて，現在は約450億光年の位置にあります。

宇宙背景放射

観測者

宇宙背景放射が
放たれた場所の
現在の位置

約138億年前に
宇宙背景放射が
放たれた場所

観測範囲の向こう側も，まだ"地つづき"の宇宙

今，人類が観測できている範囲のもっと向こうにも，同じような宇宙が広がっていると考えられています。しかしその宇宙は，私たちの宇宙と"地つづき"の宇宙で，別の宇宙とはいえません。別の宇宙は，私たちの宇宙とは，物理法則などがことなっていると考えられています。

別の宇宙があるとしても，観測することはできないのね。

memo

宇宙はラズベリーのにおい？

「宇宙はほとんど真空だから，においなんてない
はず」と思われるかもしれません。しかし，多くの
宇宙飛行士たちが，船外活動を終えて宇宙船内に
戻ったときなどに，宇宙服から独特な甘い金属の
においを感じたと話しています。

NASAではたらいている科学者によると，甘い金
属のにおいのうち，甘いにおいの正体は「ギ酸エチ
ル」だといいます。ギ酸エチルとは，パイナップル
やラズベリー，ブランデーなどに含まれている有機
化合物で，主に香料などに使われています。ギ酸
エチルは，天の川銀河の中心にも存在しているこ
とが確認されています。さらに，ギ酸エチルがほか
の化合物と合わさることで，ラム酒のようなにおい
もするといいます。

宇宙のにおいは，ほかにも「火薬のにおいに似ていた」などの証言があります。NASAは現在，「甘い金属のにおい」を，地上で再現しようとしているようです。

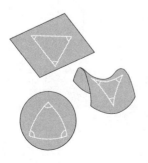

第5章
だい　　しょう

宇宙がたどる，
う　ちゅう

暗くさびしい運命
くら　　　　　　　　　　　　　　うん　めい

宇宙の未来は，どうなっていくのでしょ
う　ちゅう　み　らい

う。第5章では，最も可能性が高いとさ
だい　しょう　　　　　もっと　か　のうせい　　たか

れる宇宙の終わりを紹介します。しかし，
う　ちゅう　お　　　　　しょうかい

結論は一つではありません。研究者たち
けつろん　ひと　　　　　　　　　　　　けんきゅうしゃ

が考えている，宇宙の未来のさまざまな
かんが　　　　　　　　　う　ちゅう　み　らい

シナリオをみていきましょう。

1 近くの銀河が合体し，巨大銀河が誕生

銀河は，衝突・合体をくりかえしてきた

　最初に，銀河がこの先どうなるのかをみていきましょう。数千億あるとされる銀河は，たがいに重力で引き合って集団となり，「銀河群」や「銀河団」をつくっています。銀河群は銀河が数個〜数十個程度，銀河団は銀河が数百個以上集まったものです。

　銀河群や銀河団に含まれる銀河は，たがいの重力によって引き合って衝突・合体をくりかえし，成長してきたと考えられています。実際に，衝突・合体をしている銀河が数多く観測されています。

1 銀河と銀河の大衝突

イラストは，二つの大きな渦巻銀河が，たがいの重力で引き合って衝突するようすをあらわしています。さまざまな観測から，銀河と銀河が衝突すると，最終的には楕円銀河になると考えられています。

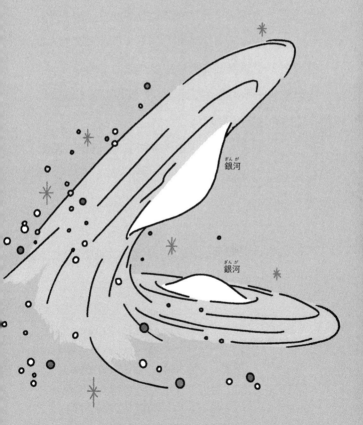

銀河

銀河

銀河は，巨大な銀河にまとまっていく

　銀河群や銀河団にふくまれている銀河は，今後も衝突・合体をくりかえすと考えられています。私たちの住む天の川銀河も例外ではありません。各銀河群や銀河団は，おおむね数百億年後には，それぞれ一つの巨大な銀河へとまとまっていくと予測されています。

　こうして宇宙には，銀河系の1000倍をこえる質量をもつような，超巨大銀河がいくつも誕生するのです。

天の川銀河と，となりのアンドロメダ銀河は，約40億年後に衝突し，さらに60億年かけて合体して，一つの楕円銀河になると予想されているんだ。

2 銀河団どうしが遠ざかって宇宙がスカスカに

銀河団どうしは，遠すぎて引き合わない

　銀河団（あるいは銀河群）の中にある銀河どうしは，重力によって一つにまとまっていくと考えられています。ところが，銀河団と銀河団どうしでは，そのようなことはおきないと予測されています。

　その理由は，持続的に宇宙を膨張させようとする効果が，銀河団と銀河団をつなぎとめようとする重力を上まわるからだといいます。

2 銀河団どうしは遠ざかる

銀河団どうしは，宇宙膨張によって加速的に遠ざかっていきます。やがて光速をこえる速度で遠ざかるようになると，銀河団はほかの銀河団をみることができなくなります。

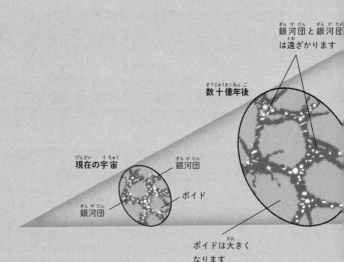

銀河団と銀河団
は遠ざかります

数十億年後

現在の宇宙

銀河団

ボイド

銀河団

ボイドは大きく
なります

166

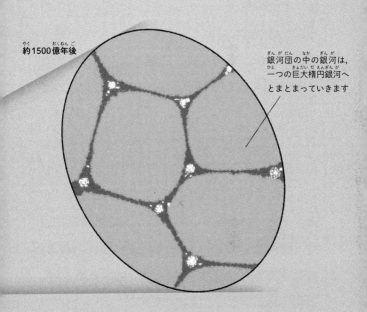

約1500億年後

銀河団の中の銀河は，一つの巨大楕円銀河へとまとまっていきます

銀河団と銀河団は
散り散りに遠ざかっていく

　宇宙は膨張しています。宇宙のあらゆる物質は，空間の膨張にともなって，たがいに遠ざかっていきます。これに対抗しているのが，重力です。しかし重力には，距離が遠くなればなるほど力が弱くなる性質があります。このため，銀河団の内部で銀河と銀河を引き寄せることはできても，銀河団と銀河団のように，遠くにあるものどうしを引き寄せることはできません。

　その結果として，銀河団と銀河団は，どんどん遠ざかっていきます。銀河団の中では銀河が衝突・合体して超巨大銀河に成長していきます。しかしこうして誕生した超巨大銀河どうしが，衝突・合体することはないのです。

3 恒星が死に，銀河は暗くなっていく

恒星は，白色矮星やブラックホールになる

　次は，銀河の中をみていきましょう。銀河は，恒星の集団です。恒星には寿命があり，恒星の質量が大きいほど，寿命が短いことがわかっています。たとえば，太陽の寿命がおよそ100億年であるのに対して，太陽の10倍の質量をもつ恒星は，およそ3000万年で燃えつきてしまいます。

　恒星が寿命をむかえると，太陽のおよそ8倍以下の質量のものは最終的に「白色矮星」となります。白色矮星は恒星の燃えかすで，だんだんと冷えていきます。一方，重い恒星は，超新星爆発後に「中性子星」や「ブラックホール」になります。

3 恒星の一生

太陽のおおむね8倍以下の質量の恒星は，宇宙で最も数が多いタイプの恒星です。この恒星は，下にえがいたように，燃えつきて一生を終えます。

太陽の8倍以下の質量の恒星
（宇宙で最も数が多いタイプの恒星）

赤色巨星
一生の最期に膨張します。太陽の場合は109億〜123億歳ころ，直径が200倍以上になります。

惑星状星雲
赤色巨星の外層（ガス）が吹きはらわれて，惑星状星雲になります。

白色矮星
中心部に残った
恒星の燃えかす
です。

恒星の材料がつき，
新たな恒星が誕生しなくなる

　銀河の中には，新たに誕生する恒星もあります。しかし，宇宙の物質は，無限ではありません。恒星の材料はいつか必ずつきて，新たな恒星が誕生しなくなるときが来ると考えられています。

　将来の銀河では，輝いている恒星は寿命をむかえ，新たな恒星も誕生しなくなります。まるで，夜ふけに街の明かりが消えていくように，銀河はだんだんと暗くなっていくのです。

天の川銀河の場合，今後100億年以内に恒星の材料がつきるという予測があるそうデス。

memo

ブラックホールの撮影に成功！

2019年4月10日，世界ではじめてブラックホールの影が撮影されました。おとめ座銀河星団の楕円銀河M87の中心に位置する巨大ブラックホールです。撮影したのは「イベント・ホライズン・テレスコープ」という国際協力プロジェクトチームです。

ブラックホールは，強い重力のために，物質だけでなく光さえ脱出することのできない天体です。真っ黒で，文字通り私たちの目には見えません。では，どうやって撮影したのでしょう。

ブラックホールの周囲にあるガスが，ブラックホールに飲みこまれる際，とてつもない高温になります。そのガスの熱の輝きで，ブラックホールのシルエットが浮かびあがります。プロジェクトでは，複数のデータ較正や画像化手法を用いることに

よって，明るいリングの中に暗い部分が写しだされました。この暗い部分こそが，ブラックホールの影「ブラックホールシャドウ」とよばれるブラックホールの影です。

地球上の８か所の電波望遠鏡を同期させて撮影

スペイン

アメリカ
アリゾナ

アメリカ メキシコ
ハワイ

チリ

南極

国際協力プロジェクトでは，地球上の八つの電波望遠鏡を同期させて，感度と解像度のきわめて高い，地球サイズの仮想的な望遠鏡を構成しました。八つの電波望遠鏡は，IRAM30m望遠鏡（スペイン），ジェームズ・クラーク・マクスウェル望遠鏡（アメリカ・ハワイ），サブミリ波干渉計（アメリカ・ハワイ），サブミリ波望遠鏡（アメリカ・アリゾナ），アルフォンソ・セラノ大型ミリ波望遠鏡（メキシコ），APEX（チリ），アルマ望遠鏡（チリ），南極点望遠鏡（南極）です。

宇宙は，ブラックホール だらけになる

恒星の残骸を飲みこんでいく ブラックホール

しだいに暗くなりつつある宇宙の中で，不気味に成長をつづけていくのが「ブラックホール」です。ブラックホールは，重い恒星が寿命をむかえたあとにできる天体です。未来の銀河では，重い恒星が死にたえ，たくさんのブラックホールが誕生しています。

ブラックホールは，その強烈な重力により，周囲に残された恒星の残骸などを飲みこみながら，"太って"いくと予測されています。

▶4 成長するブラックホール

ブラックホールは、周囲に残された恒星の残骸など
を飲みこんだり、たがいに衝突・合体したりしなが
ら成長していきます。

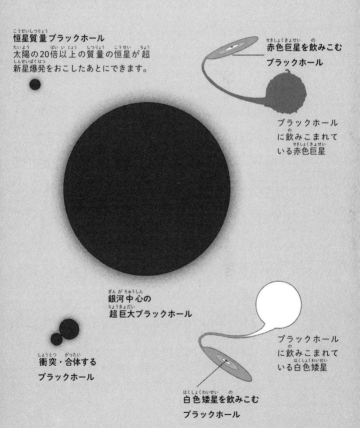

恒星質量ブラックホール
太陽の20倍以上の質量の恒星が超
新星爆発をおこしたあとにできます。

**赤色巨星を飲みこむ
ブラックホール**

ブラックホール
に飲みこまれて
いる赤色巨星

**銀河中心の
超巨大ブラックホール**

**衝突・合体する
ブラックホール**

ブラックホール
に飲みこまれて
いる白色矮星

**白色矮星を飲みこむ
ブラックホール**

将来，ブラックホールだらけに
なる宇宙

　ブラックホールの頂点に君臨するのが，銀河の中心にある「超巨大ブラックホール」です。通常のブラックホールにくらべて，はるかに大きな質量をもっています。

　将来，銀河団の中の銀河がまとまってできた超巨大銀河の中心には，さらに大きなブラックホールができると予想されています。これは，宇宙の膨張によって散り散りになっていったすべての銀河団の中で，必然的におきるできごとだと考えられています。つまり遠い将来，宇宙はブラックホールだらけになるのです。

天の川銀河の中心にも，太陽の質量の300万倍をこえる超巨大ブラックホールが存在すると考えられているんだ。

5 ブラックホールは，爆発をして命を終える

ブラックホールは「蒸発」する

　ブラックホールは，実は物質を飲みこむばかりではなく，「蒸発」します。

　ブラックホールの蒸発とは，ブラックホールが質量を減らしながら，光などさまざまな素粒子を放出する現象です。ブラックホールは，周囲から物質を飲みこんでいる間は，質量をふやしつづけると考えられています。しかしそのあとは，非常に長い時間をかけて，蒸発によって小さくなっていくというのです。

5 蒸発するブラックホール

ブラックホールは光子などの素粒子を放出しながら，ゆっくり蒸発します。蒸発がはげしくなるにつれて明るさをましつづけ，最後に爆発とよべるほどはげしい蒸発をして消滅します。

ほとんどの期間は，
ゆっくりと蒸発します

明るくなり
はじめます

さらに明るさ
をまします

最後には
"爆発"します

花火のように最期をかざる
ブラックホール

　ブラックホールの蒸発の程度は，ブラックホールの質量が小さければ小さいほど，はげしくなります。つまり最初はゆっくりと蒸発していたものが，質量が減少するとともに蒸発がはげしくなっていくのです。最後の消滅の段階では，蒸発というよりもむしろ爆発とよべるほどの，はげしい蒸発をすると予測されています。

　まるで，恒星がなくなった漆黒の宇宙で，なごりをおしむかのように最期をかざる，花火のようだともいえます。

ブラックホールの蒸発にかかる時間は，質量が大きいほど長くなるといわれ，太陽ほどの質量のブラックホールの場合，蒸発して消滅するまでに，おおむね10⁵⁰年ほどかかると計算されているんだ。

6 100兆年後の宇宙では，原子が消えてしまう

原子は，消滅してしまうと予測されている

　ブラックホールに飲みこまれなかった物質はどうなるのか，考えてみましょう。非常に長い目でみると，物質のもととなる「原子」は，消滅してしまうと予測されています。正確にいうと，原子をつくっている「陽子」が，「陽電子」や「ニュートリノ」といった，より軽くて安定な素粒子へ変化するといわれています。この現象を，「陽子崩壊」とよびます。

陽子の崩壊は必ずおきるらしい

陽子が崩壊する確率は非常に低く，陽子の寿命は非常に長いと考えられています。1個の陽子の寿命は，10³⁴年よりも長いと計算されています。

素粒子観測装置「スーパーカミオカンデ」では，陽子崩壊を検出しようと観測をつづけています。しかしこれまでのところ，検出には成功していません。このことは，陽子の寿命が，予測よりも長いことを示しているといいます。それでも，陽子の崩壊は必ずおきるといわれています。

こうして遠い将来，陽子がなくなります。原子のもととなるものがなくなるわけですから，宇宙から原子が消えることになります。

6 陽子の崩壊

イラストは，原子のもととなる陽子が消滅していくようすをあらわしています。陽子は，非常に低い確率で崩壊すると予測されています。崩壊をおこした陽子は，最終的には陽電子やニュートリノの仲間などへと変化します。

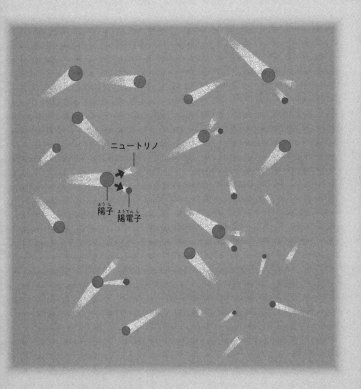

ニュートリノ

陽子

陽電子

宇宙の終焉は，ダークエネルギーしだい

宇宙の膨張を決めるのは，物質やエネルギーの密度

　宇宙が今後も膨張をつづけるかどうかは，断言できません。膨張のあり方を決める要素の一つは，物質やエネルギーの密度です。宇宙の膨張をあとおししているのは，ダークエネルギーです。

宇宙が収縮に向かう可能性も

　ダークエネルギーは，正体が不明なため，時間の経過とともにその密度が変化する可能性も否定できません。ダークエネルギーの密度が増加していくと，宇宙膨張の加速はもっとはげしくな

1 宇宙の未来は不明

誕生以来，宇宙は膨張をつづけてきました。しか
しこの先も同じペースで膨張をつづけるのかどう
か，はっきりとしたことはわかっていません。

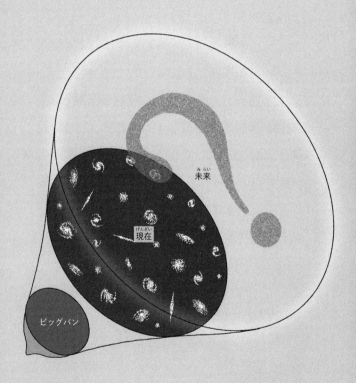

未来

現在

ビッグバン

っていく可能性があります。**はげしく加速しなが**

ら膨張する宇宙では，銀河をつくる各恒星もひ

きちぎられ，ついには物質を構成する原子が素

粒子レベルまでバラバラになるといいます。こ

のような宇宙の未来は，「ビッグリップ」とよば

れています。

　逆に，ダークエネルギーの密度が減少してい

くと，宇宙の膨張は収縮へと転じる可能性があ

ります。**収縮する宇宙では，宇宙はまるで誕生**

直後の段階まで逆戻りし，つぶれてしまう運命

にあるといいます。まるで，小さくなった宇宙

全体が，ブラックホールになってしまうようなも

のです。このシナリオは，「ビッグクランチ」と

よばれています。

「ビッグリップ」の「リップ」は
英語で「引き裂く」，「ビッグク
ランチ」の「クランチ」は英語
で「かみ砕く」という意味だそ
うよ。

memo

地球の終わりって
いつごろなの？

宇宙の終わりはなんとなくわかったのですが，
僕たち人間はこれからどうなるんですか？

人間がどうなっていくかはわからないんじゃ
が，人間が住んでいる地球は宇宙からなくな
ると考えられておる。約50億年後には，太陽
が地球を飲みこむくらいに大きくなるといわ
れているんじゃ。

あんなに遠くにある太陽が，地球を飲みこむ!?

太陽は赤色巨星となって，直径が200倍以上
にふくらむといわれておる。地球が太陽に飲
みこまれるかどうかはわからんが，その時点
で地球は消え失せるじゃろう。

どうしたらいいんでしょう……。

とはいえ，太陽はあと40億年くらいは今のままじゃから，あせる必要はない。ま，それまで人間がいるかどうかは，わしらにはわからんがのう。ほっほっほ。

さくいん

memo

ニュートン超図解新書
最強に面白い

人工知能

ディープラーニング編

2023年11月発売予定　新書判・200ページ　990円(税込)

　人工知能が, ものすごい勢いで社会に進出しています。病気の診断や, 車の運転, さらには企業の採用活動にまで人工知能が活用されつつあるのです。

　人工知能はどこまで進化するのでしょうか。アメリカの人工知能研究者レイ・カーツワイル博士は, 2029年には, あらゆる分野で人工知能が人間の知能を上回ると予測しています。さらに2045年には, 驚異的な能力をもつ人工知能によって, 人が予測できないほど猛烈な速度で社会が変化する「技術的特異点(シンギュラリティ)」が訪れると予言しています。

　本書は, 2019年9月に発売された, ニュートン式 超図解 最強に面白い!!『人工知能　ディープラーニング編』の新書版です。人工知能がもたらす未来や, 人工知能のしくみを"最強に"面白く紹介する1冊です。どうぞご期待ください!

余分な知識満載だクマ!

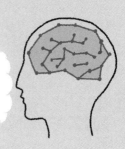

Staff

Editorial Management	中村真哉
Editorial Staff	道地恵介
Cover Design	岩本陽一
Design Format	村岡志津加(Studio Zucca)

Illustration

表紙カバー	羽田野乃花さんのイラストを元に佐藤蘭名が作成
表紙	羽田野乃花さんのイラストを元に佐藤蘭名が作成
11	岡田悠梨乃
15	富﨑NORIさんのイラストを元に岡田悠梨乃が作成
20~21	小林 稔さんのイラストを元に岡田悠梨乃が作成
24~72	岡田悠梨乃
73	小林 稔さんのイラストを元に岡田悠梨乃が作成
75~107	岡田悠梨乃
112~115	小林 稔さんのイラストを元に岡田悠梨乃が作成
119~125	岡田悠梨乃
127	小林 稔さんのイラストを元に岡田悠梨乃が作成
131~191	岡田悠梨乃

監修(敬称略):
佐藤勝彦(日本学術振興会学術システム研究センター顧問,東京大学名誉教授,明星大学理工学部客員教授)

本書は主に,Newton別冊『138億年の大宇宙』とNewton別冊『佐藤勝彦博士が語る 宇宙論の新時代』の一部記事を抜粋し,大幅に加筆・再編集したものです。

ニュートン超図解新書
最強に面白い 宇宙

2023年12月5日発行

発行人	髙森康雄
編集人	中村真哉
発行所	株式会社 ニュートンプレス　〒112-0012 東京都文京区大塚3-11-6
	https://www.newtonpress.co.jp/
	電話 03-5940-2451